阿达的科学课

[美] 安德里亚·贝蒂 著　　[英] 大卫·罗伯茨 绘　　兆新 译

海豚出版社
DOLPHIN BOOKS
CICG 中国国际传播集团

有各种各样的科学家,
他们研究地球和天空、植物和海洋、
岩石和星辰、虫子和蝴蝶。
不过他们有一个相同的爱好:
喜欢问"为什么"。

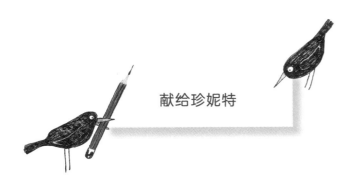

献给珍妮特

图书在版编目(CIP)数据

阿达的科学课 / (美)安德里亚·贝蒂著 ;(英)大
卫·罗伯茨绘 ;兆新译. —— 北京 :海豚出版社,
2022.7
ISBN 978-7-5110-5968-0

Ⅰ.①阿… Ⅱ.①安… ②大… ③兆… Ⅲ.①科学实
践-儿童读物 Ⅳ.①N3

中国版本图书馆CIP数据核字(2022)第084395号

著作权登记图字:01-2022-1711

阿达的科学课

[美] 安德里亚·贝蒂 著
[英] 大卫·罗伯茨 绘
兆新 译

出 版 人 王 磊

责任编辑 张国良 胡瑞芯
特约编辑 秦 方 高思纯
美术编辑 徐 蕊
内文制作 王春雪
责任印刷 于浩杰 蔡 丽
法律顾问 中咨律师事务所 殷斌律师

出 版 海豚出版社
地 址 北京市西城区百万庄大街24号   邮编 100037
电 话 010-68996147(总编室)
发 行 新经典发行有限公司
         电话(010)68423599   邮箱 editor@readinglife.com
印 刷 北京富诚彩色印刷有限公司
开 本 635mm×965mm 1/8
印 张 12
字 数 35千
印 数 1—8000
版 次 2022年7月第1版
印 次 2022年7月第1次印刷
书 号 ISBN 978-7-5110-5968-0
定 价 68.00元
版权所有,侵权必究
如有印装质量问题,请发邮件至 zhiliang@readinglife.com

恭喜你！你像阿达一样，来当一名小小科学家！

这本书可以帮你实现当科学家的梦想！利用空白处记录你的创意。去想象、画图、提问、发明、尽情涂写吧！

祝你在探索科学创想、探究问题和实现梦想的过程中玩得愉快！

你可以把你的创意分享给别人，也可以让这本活动用书只属于你。你来决定吧！

这本书属于你！

世界上最伟大的科学家

（你的名字）

在这里画一幅你的自画像：

阿达想当科学家

阿达·特维斯特是一个文静的好奇宝宝。一天，她把玩具熊堆起来，从婴儿床里"逃跑"了。阿达忙坏了！她在房间到处探索，一刻都不停歇，直到晚上困得睡着了。

在阿达探索世界的过程中，爸爸妈妈虽然疲惫不堪，却总是尽最大的努力去支持她。阿达渐渐长大了，却不开口说话，爸爸妈妈有一点担心，不过看到阿达总是在思考，他们想，也许她有话要说的时候，自然就会开口说话。

在阿达三岁时，有一次她爬到了老爷钟的最顶上，想看看那里有什么。

"停下来！"她的爸爸妈妈大喊。

阿达停下来。她的下巴颤了颤，深吸一口气，第一次开口说话了。

"为什么？"她问道。

就这样，阿达的提问一发不可收拾！

"它为什么嘀嗒嘀嗒响？"

"它为什么叫老爷钟而不叫孙女钟？"

"为什么玫瑰花上长着尖尖的刺？"

"为什么你的鼻孔里有毛？"

为什么？是什么？怎么回事？什么时候？她一遍又一遍地问着！阿达什么都想知道。

在问了一整天问题之后，阿达迷迷糊糊地睡着了。她的爸爸妈妈微笑着悄声对她说："你早晚会弄明白的。"

阿达渐渐长大了，她的爸爸妈妈总是尽最大的努力去帮她寻找许多问题的答案。甚至连学校的莱拉·格里尔老师也发现，自己因为阿达做的乱七八糟但又很精彩的实验而忙得不可开交。很显然，阿达·特维斯特是一个小科学家。

春天刚来，阿达就开始忙着做实验，想测试什么声音能引起嘲鸫鸣唱。突然，一股难闻的臭味钻进她的鼻子！

是什么臭味让她如此恶心？阿达必须要弄清楚。

首先，阿达研究了各种气味，认真地闻啊闻。

接着，她提出一个假设，怀疑这难闻的气味是来自爸爸的炖白菜。她去验证后，却发现炖白菜并没有那种难闻的臭味。

然后，她想到了第二个假设：是猫散发出的臭味。

然而，猫不可能散发这么大的臭味，除非给它加点料。阿达给猫喷了妈妈的香水和爸爸的古龙水。这让猫咪闻起来很臭，但不是那种让她恶心的臭味。事实证明，第二个假设也是错的。

4

阿达需要重新再来，不过她要把猫咪先清理干净。阿达·特维斯特打算去做别人永远也不会做的事！她想用洗衣机给猫咪洗个澡。这真是个可怕的主意！可怕极了！超级恐怖！孩子，可真有你的！

于是她坐下来，安静地坐着，思考起科学、臭味和猫咪，还有试验为何走向了乱七八糟的局面。

阿达对所有事情都感到好奇，她又一次想弄明白那难闻的臭味到底来自哪里。她把想法胡乱涂写在墙上；接着，又涂写了另一面墙；之后，又涂写一面墙。

她的爸爸妈妈冷静下来，过来和她谈话。他们看着大厅，惊讶不已。阿达把她的疑问和想法画满了所有的墙。

面对这个想知道世界是怎么回事的好奇宝宝，他们该怎么做呢？

他们亲了亲她，低声说："我们一定会弄明白的。"

那天以后，全家人都付诸行动，帮小阿达分辨假设和事实。她二年级的所有朋友也来帮助她。也许有一天，他们会发现那令人恶心的臭味来自哪里！

阿达为做科学实验收集了各种各样的东西。

下面是她找到的一些有用的物品，她称之为"**科学家宝藏**"。

或许你也会发现它们很有用。

你需要收集哪些物品呢？

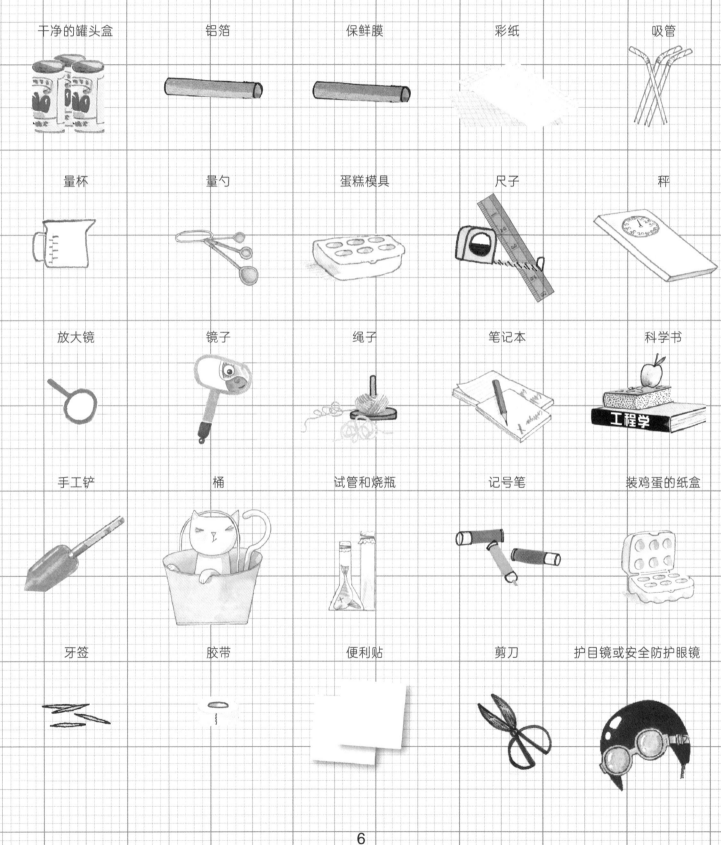

干净的罐头盒	铝箔	保鲜膜	彩纸	吸管
量杯	量勺	蛋糕模具	尺子	秤
放大镜	镜子	绳子	笔记本	科学书
手工铲	桶	试管和烧瓶	记号笔	装鸡蛋的纸盒
牙签	胶带	便利贴	剪刀	护目镜或安全防护眼镜

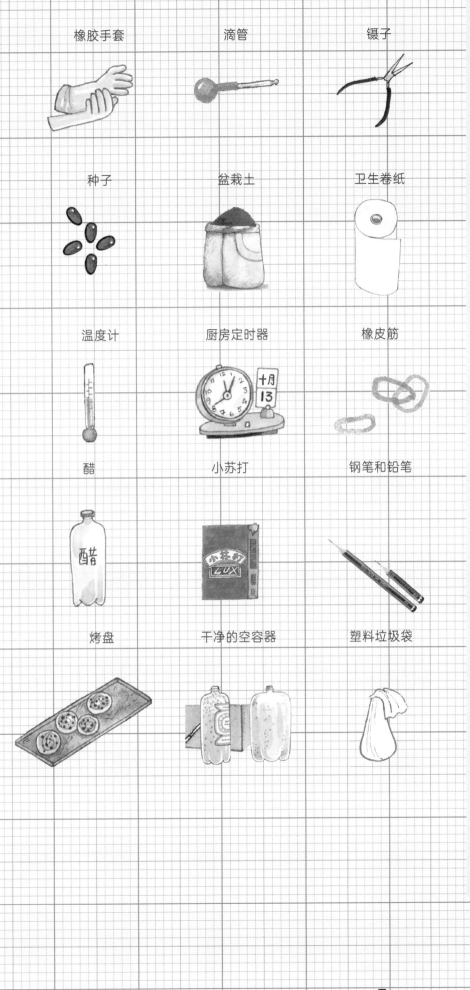

橡胶手套　　　　滴管　　　　　镊子

种子　　　　　　盆栽土　　　　卫生卷纸

温度计　　　　　厨房定时器　　橡皮筋

醋　　　　　　　小苏打　　　　钢笔和铅笔

烤盘　　　　　　干净的空容器　塑料垃圾袋

怎样能找到科学家宝藏？

你可以通过多种方式找到很棒的东西，将它们用到你的科学实验上。

- **可回收利用的物品**：纸盒、旧玩具、饮料罐、牛奶罐、塑料盖，以及你家里可能扔掉的其他废品。使用时要征得允许，并确保它们干净、安全。

- **清仓卖场和旧货市场**是好地方，你可以在那里寻找有用又便宜的物品。给旧东西找到新用途，让它们远离废物填埋场！

- 和你的一样有梦想成为科学家的朋友们**交换宝贝**。

- 如果找不到可回收利用的物品，可以去**五金店或布料店**看看，或许会有所收获。

注意：在使用尖锐工具或碎片时一定要小心！确保有大人在身旁！

让你的科学家宝藏井井有条

宝贝随处可见，可并不是所有东西都是宝贝。要选择安全、干净、有用的物品。
好的收藏，不仅要多种多样，还要井井有条。

整理你的工具和宝贝……

- 可以让它们保持干净、整洁、有序，从而延长使用寿命。

- 在需要的时候，可以很方便地找到要用的物品。

- 可以省钱，因为你不必购买已经拥有的东西。

- 可以让你腾出地方，来做实验。

- 避免你的脚被扎到。

这里有一些小贴士：

- 把空鞋盒装饰一下并贴上标签，放到你的床下或架子上，用以收纳物品。

- 把相似的物品放在一起。

- 干净带盖的小玻璃瓶非常适合装螺丝钉、螺栓，或者橡皮筋、细绳子之类的小物件。透明的罐身让所装物品一目了然。

- 放在门后的干净塑料鞋架上，可以使物品井然有序，容易查找。

- 从五金店买来的带挂钩的挂板，可以用来悬挂工具或成卷的丝带。

- 从五金店或缝纫店买来的磁条，可以吸附收纳金属剪刀或其他金属工具。

- 空罐子可以用来装工具、铅笔和笔刷，装饰罐子也很有趣。当心锋利的罐子边缘！用装饰纸和丝带把它包一下吧。

在制作东西的时候要时刻注意安全。戴上护目镜来保护你的眼睛。

科学家总是很小心！

别忘了这些！

你会把什么特别的东西添加到你的**科学家宝藏**中呢？

_____

_____

_____

_____

_____

_____

_____

_____

_____

_____

_____

_____

_____

_____

_____

_____

_____

_____

_____

科学家使用特殊的工具

观测仪器是让科学家更仔细观察物品的工具。望远镜能让我们把距离非常远的东西看得非常清晰，显微镜能让我们看清身边非常微小的东西，潜望镜能让潜水员四处潜望水上的情况。

给一个水桶装满水，投进各种硬币或小的塑料玩具。透过水看这些物品，你能看得清楚吗？
看清水里的东西通常很困难，因为水的表面反射光，使光线发生扭曲。
制作一个简易探视镜来帮你看清水里的东西。

材料：

- 开罐器
- 干净的空食品罐
- 保鲜膜
- 剪刀
- 大橡皮筋

1. 使用开罐器，小心地移除空罐两头的罐底。

2. 把罐子立在平坦的物体上，比如桌子上。

3. 用剪刀剪一小片保鲜膜，尺寸为 15 厘米 ×15 厘米。

4. 把保鲜膜罩在罐子的顶端。

5. 把保鲜膜顺着罐身往下抚平，确保保鲜膜不起皱褶。

6. 用橡皮筋把保鲜膜固定好。

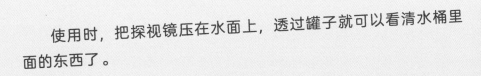

使用时，把探视镜压在水面上，透过罐子就可以看清水桶里面的东西了。

科学

像所有的科学家一样，阿达·特维斯特充满了好奇心！有太多的科学分支可以供她探究。
一些科学分支探究星球，一些科学分支聚焦物理运动，
一些科学分支研究地球生命，一些科学分支深入研究构成一切的原子中的最小微粒。
还有些科学分支融合了两种或两种以上的科学分支！

以下这些科学分支，你可以像阿达·特维斯特那样去探索。

物质科学 研究没有生命的自然物体。

物理学——研究运动、热量、
能量、光、声音和原子结构

化学——研究物质（物质的构成）、
物质的性质以及它们如何与其他物质
和能量相互反应

天文学——研究整个物理宇宙，
以及其中的空间和物体

地质学——研究地球的物理结构
及变化过程

生物科学——研究活着的，或者曾经活着的生物。

植物学——研究植物

动物学——研究动物

微生物学——研究那些小到你用肉眼看不到的微生物

生理学——研究生物的功能和结构

古生物学——研究动物和植物的化石，动物和植物如何随着时间进化

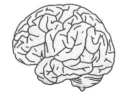

神经生物学——研究人类大脑，它如何运转，如何学习新事物、忘记旧的东西，思维是如何实现的

遗传学——研究遗传，以及父母如何把自己的特征传给他们的后代

13

科学家的单词搜索

你能在下面的字谜表里，找到右页列出的所有单词吗？

（如果你需要帮助，答案在第 94 页。）

```
B T K A N H P Q R T A C I O N J
O C P S G I N D U S T R I B L E
T A H A K T S X O T B V E S M E
A P Y E C O L O G Y A C T E E I
N O S C M T O P T I C A L R T W
Y W I E H I M L E E N V I V E N
I E C L A B S E I V X M C A O R
M J S S U R T T I E R W A T R V
A W P C E J K E R N A O Z I O O
L M Z T P R V S C Y O U L O L D
M I C R O B I O L O G Y H N O I
L P B O Y I O R Z R U I K O G D
Q H Y P O T H E S I S R N Q Y M
V E I I Q M E D I C I N E G M A
A A U C X G G R E M U M D L M Y
Y U B I O L O G Y E C T R I C A
```

BOTANY(植物学)　　OCEANOGRAPHY（海洋学）　　MICROBIOLOGY（微生物学）　　OBSERVATION（观察）

BIOLOGY（生物学）　　ASTRONOMY（天文学）　　PALEONTOLOGY（古生物学）　　MEASUREMENT（测量）

CHEMISTRY（化学）　　METEOROLOGY（气象学）　　ECOLOGY（生态）　　QUANTIFY（量化）

PHYSICS（物理学）　　ZOOLOGY（动物学）　　HYPOTHESIS（假设）　　FACT（事实）

GEOLOGY（地质学）　　MEDICINE（医学）　　TEST（验证）

```
R C T T S O V T W M S R A N B
A G R E C U L F U R A P S U L
A T R S N I C A K T T A T A V
J L M T N S S C O K E L R S E
A F Q H K M I T M K C E O R I
C T A L V M G Q U I G O N U U
M E A S U R E M E N T N O X E
O F A U H N H A U N T T M O U
Q I C N L N H L I F V O Y F H
C U I Z O O L O G Y S L R T N
L I A D E G N S T H E O M A T
U P I N T E R M X R V G J O B
W E L E T C S A M Q E Y B G F
N E M N E I E R P S P A C E Y
F N A R I V F R F H V S N Y Z
I G E O L O G Y I A Y S D A N
```

科学家充满好奇心

科学家观察周围的世界，想知道"为什么"和"怎么回事"。

每一个问题都会引出更多问题。有时候就像树的枝干，这些问题越来越精确，越来越具体。

你能创建一棵问题树吗？你想知道些什么？

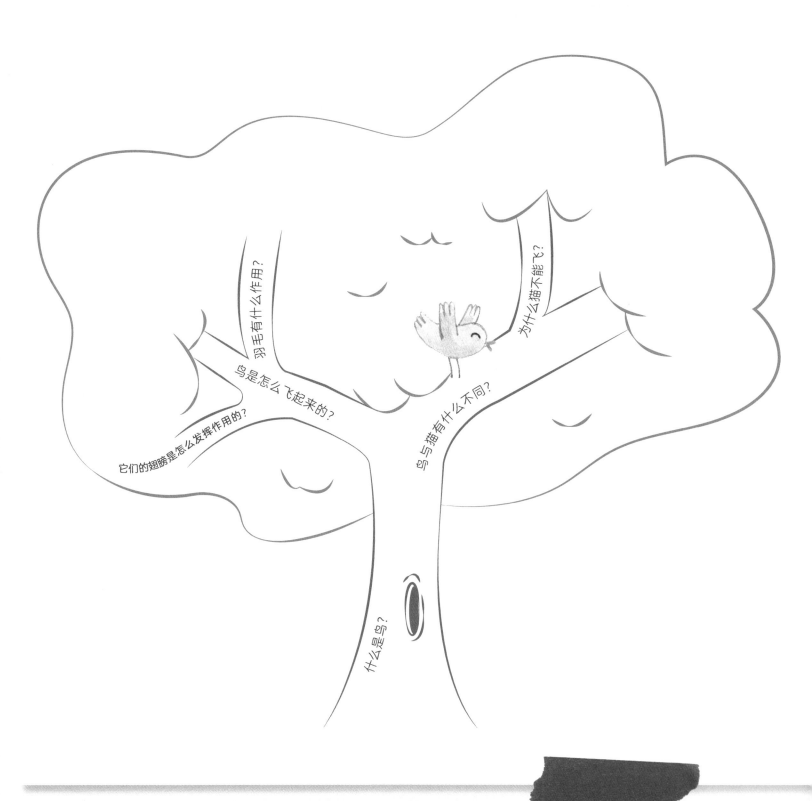

阿达像科学家那样做。

她问了一个小问题，然后问了第二个问题。

这两个问题又分别引出她更多的问题。

其中的一些问题又促使她问出新的问题。

事实

那是事实吗？

事实是什么样的？

它帮助我们判定什么是真的，

什么是假的。

事实不是凭空捏造的，

也不是我们的感觉。

事实可以被证明，

这也说明它真实存在。

把虚构、情感与事实区分开来，就是科学家们要做的事情！

事实是一些可以被证明的信息。事实就是，即使有人否定它，事实依然是事实。科学家们通过研究和试验，努力把事实与虚构区分开来。

虚构是凭想象创造出来的故事。故事帮助我们理解周围的世界，也帮助我们理解自己、互相理解，这也是故事力量强大的原因。故事可以带给我们强烈的情感。故事可以包括事实，但故事不是事实。

情感是通过情绪来表达的。我们用情感对我们周围的世界做出反应。我们能感到快乐、悲伤、愤怒、焦虑和兴奋等。我们可以同时有许多种情感。拥有情感是人类最珍贵最高级的部分之一。但感觉不是事实，也不能改变事实。

你能帮助阿达和她的朋友区分事实和虚构、事实和情感吗？

关于瓢虫的事实

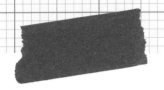

事实：

    这些事实来自大英图书馆参考中心并得到过研究验证，来源十分可靠。图书管理员或老师能帮助你弄清楚资料来源是否可信。

    瓢虫是甲壳虫的一种。全世界有大约 5000 种瓢虫，它们都属于瓢虫科。瓢虫的外形各不相同，但通常都体色鲜艳，带有斑点。大多数瓢虫都是肉食性昆虫，这意味着它们以其他动物为食。它们尤其爱吃对作物有害的蚜虫、叶螨和介壳虫，对农业很有益处。不过，至少有两种瓢虫（南瓜瓢虫和墨西哥豆瓢虫）吃农作物，被农民列为害虫。

    瓢虫有六条腿。它们还有一对触角和两对翅膀。外层的硬翅膀叫鞘翅，可以保护在飞行时展开的里层的翅膀。

想一想，下面的叙述都是事实吗？还是虚构？或是情感判断？
请划掉不是事实的项目。

- 这里有 27 只瓢虫。

- 这里有 30 只瓢虫。

- 瓢虫很危险。

- 瓢虫外层的翅膀叫鞘翅。

- 瓢虫带给人们快乐。

- 瓢虫会飞。

- 瓢虫喜欢开车。

- 瓢虫吃青蛙。

- 阿达·特维斯特喜欢瓢虫。

- 青蛙吃瓢虫。

- 瓢虫是害虫。

- 瓢虫属于瓢虫科。

- 一些瓢虫是农业害虫。

- 瓢虫很幸运。

- 瓢虫有八条腿。

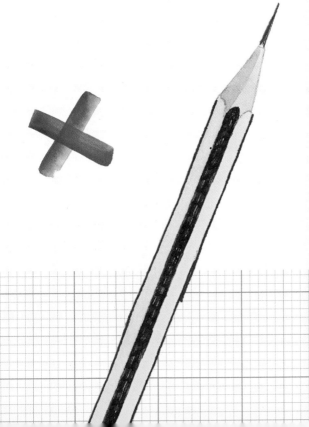

科学家爱思考

科学家是用批判性思维思考问题。他们提问，做研究，认真思考他们的发现。

科学家研究课题，竭尽所能地了解各种信息。他们首先要寻找可靠的资讯。
图书馆是查找资料、文献、信息资源的好地方。

使用一本参考书或从图书馆借来的书，查找某种你喜欢的动物的有关事实。如果你需要帮助，可以向图书管理员请教！

在这里记录你的发现：

_____

_____

_____

_____

_____

_____

_____

_____

_____

_____

_____

_____

_____

_____

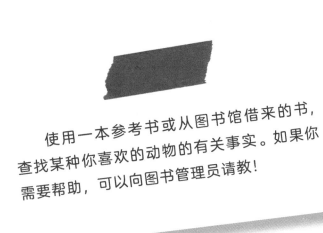

科学家不断思考

科学家在找到一个问题的答案之后，并不会停止思考。

他们总是会问更多的问题，进行更深入的研究，去发现更多的答案。

在研究了你最喜欢的动物之后，你有新的问题吗？

把你的问题列在这里：

_____

_____

_____

_____

_____

_____

_____

_____

_____

阅读、提问、思考，这就是科学家做事的方法！

科学方法

科学家运用**科学方法**去清晰地思考一个问题，用合乎逻辑的方式寻求答案。

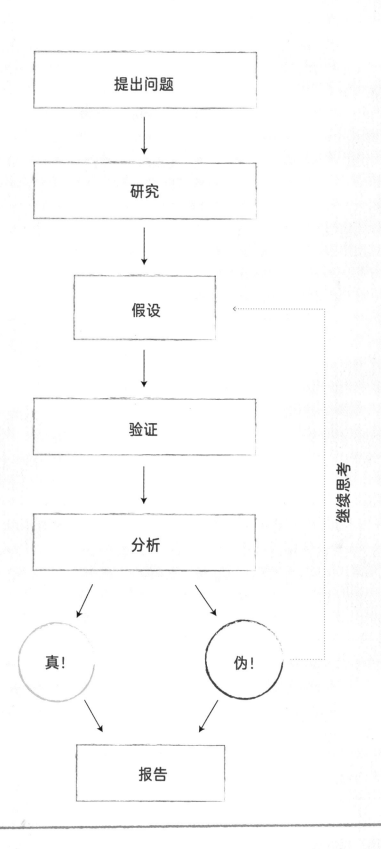

阿达就是这样使用科学方法，去努力弄清那股难闻的刺鼻臭味是怎么来的：

---

1. 她提出一个问题：那股难闻的臭味来自哪里？

2. 阿达竭尽所能地研究了嗅觉和气味，既包括糟糕的气味，也包括好闻的气味。

3. 阿达提出一个假设：臭味来自爸爸的炖白菜，因为里面有臭烘烘的死鱼，还有大蒜、洋葱和其他有特殊气味的原料，它们混在一起产生了难闻的刺鼻气味。

4. 阿达验证她的假设，观察结果。

5. 她分析结果，发现这个假设是错的。

6. 她提出一个不同的假设，然后继续去验证。

7. 她和家人一起讨论她的发现。

科学家善于观察

无论多么微不足道的细节，科学家都会留心观察。

如果不去认真观察了解，看待事物会趋于简单化。以下方法可以帮你成为一个更好的观察者：

1. 记笔记

一个小记录本和一支铅笔就能帮到你。

2. 记录具体的环境

记录日期、地点、温度，以及其他可能改变或影响研究的因素。

3. 记录时尽可能使用精确的测量数据

"一只 1 厘米长的甲虫"要比"一只大甲虫"的描述更有帮助。

4. 尽可能画一些图画

然后，把它们添加到你的资料（信息）中。

科学家在观察的时候，会思考看到、听到、尝到、摸到和闻到的一切，并搜集尽可能多的细节。调动你所有的感官来搜集信息吧。

在午饭或晚饭时间，搜集你吃到的食物的细节，要具体一些。尽可能量化（数数或测量）你发现的东西。可以用上你的每一种感官。用下面的问题来帮助你开始吧。

看 · 听 · 尝 · 摸 · 闻

你在吃的是什么东西？有多少？它们是什么颜色？什么形状？大小如何？发出什么声响？什么味道？质地怎样？闻起来有什么气味？

在这里画下并标记你的食物：

在这里给你的食物做些具体记录：

_____

_____

_____

_____

_____

_____

_____

_____

_____

停下来，去观察

此刻，看看你的周围，你能看到什么？
认真观察你看到的一种物品。

做详细的记录或画下尽可能多的细节。

想一想：它给你什么样的感觉？声音、大小、颜色如何？它用什么材料做成？有什么用途……

关于那个物品，想三个问题，把它们写在这里。如果你想不出任何问题，可以等一等。它们会自己冒出来的！想一想"怎么样""什么时候""哪里""为什么"……

再试一次。根据每个问题，再想出两个问题！

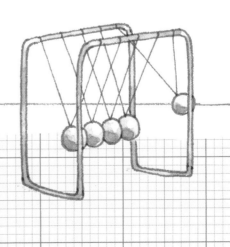

和阿达一起观察星空

一天晚上，阿达来到户外，抬头仰望星空。夜空浩瀚而美丽，
这让她充满了好奇和疑问。

星星离我们有多远？

像太阳一样，星星距离我们也十分遥远。离我们最近的恒星是太阳，第二近的恒星叫作比邻星，距离地球约有 4.22 光年远。如果你以光的速度去那里旅行，需要用 4 年多的时间才能到达。记得准备好午餐！

为什么星星会一闪一闪的？

星星之所以会一闪一闪的，是因为它们距离我们太遥远了，当它们的光到达地球，遇到大气层时会发生折射，这使得我们看到的星光亮度时强时弱，似乎在不断地闪烁。

为什么有些星星不闪烁？

因为那些星星是行星！它们看起来在夜空中发着光，其实是因为反射了太阳光。行星比其他恒星离我们近得多。它们反射的光经过我们的大气层时，就变成了许多微弱的光束。这些独特的光束在大气层也会发生折射，因为折射光太多了，以至于我们的眼睛感觉不出来……于是我们看到的行星是不闪烁的。

天空中移动着的闪烁的光是什么？

那是高高飞行的飞机。

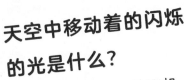

在天空中划过然后熄灭的光是什么？

那些是流星。流星根本不是星星，而是叫作陨石的大块岩石。当陨石进入地球的大气层时，发生摩擦燃烧。陨石几乎总是在大气层中燃烧殆尽，但有时候，陨石颗粒会穿过大气层，降落到地球上！有时候，一大群陨石会一起落到地球上，这种许多流星一起降落的现象，叫作流星雨。流星雨的观看体验比单个流星坠落要精彩得多。

在天空中以直线快速移动的光是什么？

那是环绕地球运行的卫星，在运行时反射太阳光造成的。甚至可能是约每92分钟绕地球一周的国际空间站，它们每小时运行 28000 多公里！速度非常快！

你在夜空中看见了什么

如果有机会，去一个黑暗的地方，然后再抬头看看夜空。

把你看到的东西列在这里，也写出你的问题。

远离城市的灯光，你将看到最美丽的夜空。根据你观看的具体时间和地点，你看到的星空也会不同。在你的观星记录中，添加上每次仰望星空看到的新东西。

仰望夜空

你看到的每一颗星星都像太阳一样，离我们非常非常遥远。

你能想象一颗绕着遥远的恒星运行的行星吗？它跟我们的地球像吗？它有什么特别之处？

你打算给你想象的行星起一个什么名字呢？

把它画在这里：

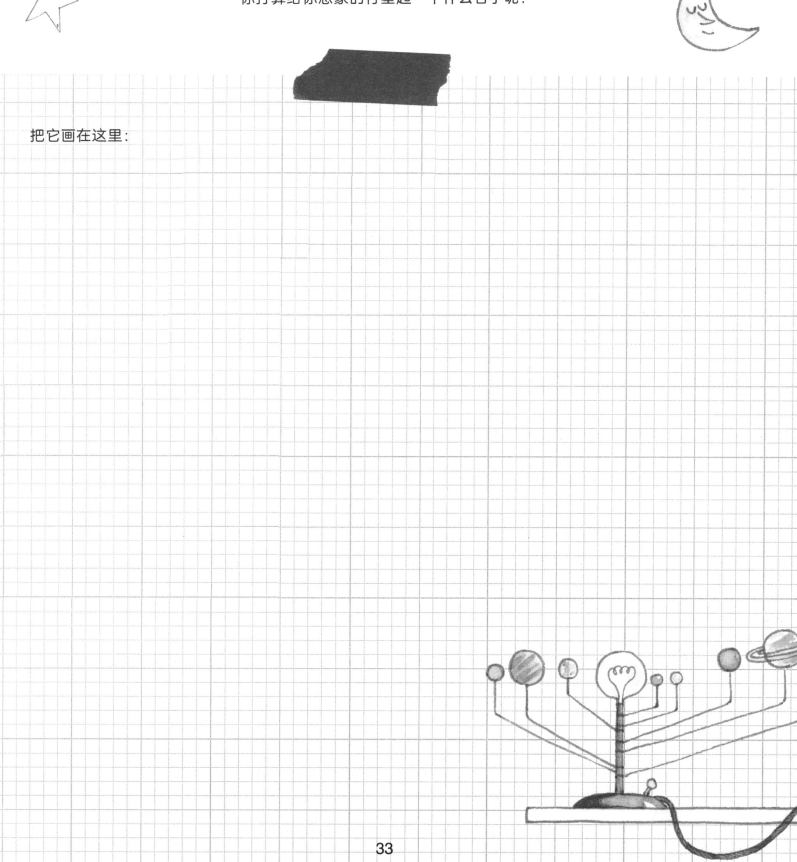

星座

在历史发展进程中，人类把自己的故事与星星的图案联系在一起。

这些星星的图案叫作星座。它们在海洋、沙漠和不知名的陆地上为人们指引方向。

每种文化都会把自己的故事和星星联系在一起。

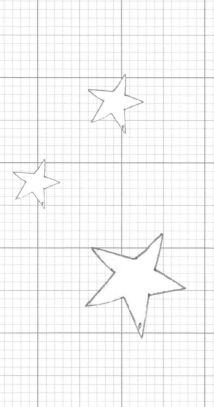

古希腊人把这个星座叫作大熊座。北斗七星是大熊座的一部分。在中国和韩国，这个图案被描述成勺子；在法国和荷兰，人们把它形容成炖锅；而英国人把它看成是犁，德国人和匈牙利人把它看成是马车；在美国，北斗七星也被描述成葫芦勺，它的把手指向北方。

星座只是人为划分到一起的一组星星。通过故事人们感觉到与星星的联结。星座也是天文学家和航海家研究星星的导航图。

看看下面这幅天空的图片。把一些星星连接起来，创建一个图案，并编写一个关于它的小故事。

为什么月亮的形状会改变

它真的改变形状了吗？

月亮本身其实并没有发生变化，但我们不能总是看到它的全貌。
因为月亮自己不发光，只有当它反射太阳光的时候，我们才能看见它。
我们能看到的月亮的样子取决于月亮相对于太阳和地球的位置。
月亮总是围绕着地球运转，而地球总是围绕着太阳运转。

当我们看到月亮每晚渐渐变大时，我们把这个过程称作"月盈"。
当月亮呈现出全貌时，叫作"满月"。
之后，月相每晚会渐渐变小，这个过程叫作"月亏"。

"娥眉月"是一弯银色的月牙，而"盈凸月"是接近满月的月亮。

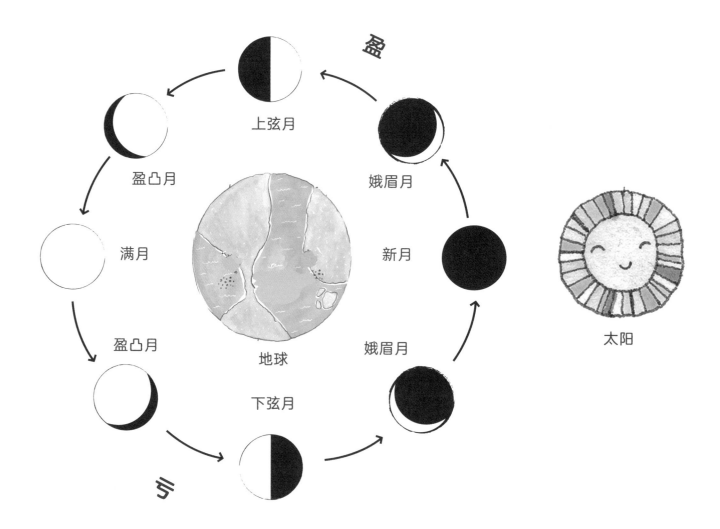

36

连续记录一个月的月相日记，把你看到的月亮形状画下来。它是怎么变化的？它为什么会变化？

星期一	星期二	星期三	星期四	星期五	星期六	星期日
◯	◯	◯	◯	◯	◯	◯
◯	◯	◯	◯	◯	◯	◯
◯	◯	◯	◯	◯	◯	◯
◯	◯	◯	◯	◯	◯	◯
◯	◯	◯	◯	◯	◯	◯

现在该收集数据了。用一把尺子去测量三种物品，把它们画在下面，并标记出它们的长度。

测量时必须做什么？

你需要找出数量的多少，

有多慢，或多快，

有多矮，或多高。

不要有遗漏，要全部都算上。

收集数据，发现事实。

在完成之前，不可以松懈。

你还可以测量其他什么东西？下面是一些建议：

- 数一数房间里鞋、盘子、鸡蛋或书的数量。

- 当你乘汽车的时候，请司机告诉你汽车行驶的速度。

- 在玻璃杯中倒满水，再把水倒进量杯，看看玻璃杯的容量是多少。

科学家收集数据。 当科学家进行实验时，他们尽可能收集准确的信息，以获得最准确的结果。

为了做到这一点，他们采用并记录精确详细的测量数据。

科学家用细节描述事物

和一个朋友合作，轮流在网格的小方格里涂色，画出简单的物体。

首先，向你的朋友尽可能精确地描述物体的样子，并让朋友试着画在方格纸上。

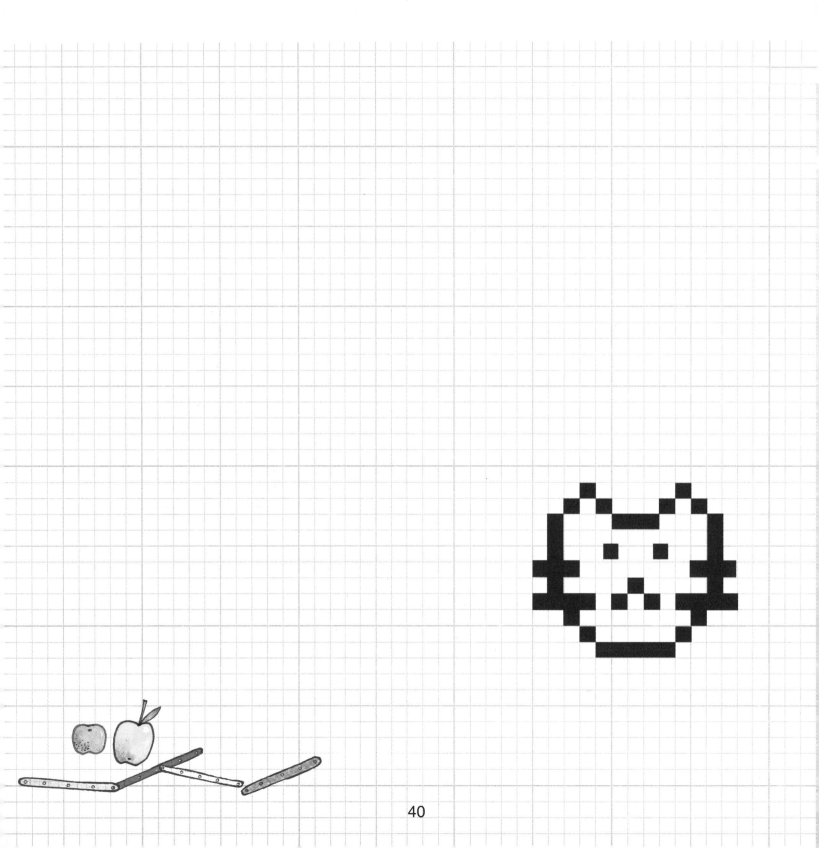

不要使用像薄、厚、胖或瘦之类的词，而是用数字来说明物体。
用网格作为宽度或高度单位，在描述中使用这些单位。

然后，交换任务，看看你是否能画出朋友描述的这些物体。

科学家是独特的

他们都是科学家，来加入这个群体吧！

海亚特·辛迪

科学领域的企业家，
她为世界上最贫穷的人提供了他们
负担得起的医疗检测。

珍妮·古道尔

野生动物研究者和环保主义者，
她让全世界的人们了解了黑猩猩。

玛丽·居里

物理学家和化学家，
她曾两次获得诺贝尔奖
（每个领域一次）。

麦琪·阿德林·波科克

航天科学家和科学教育家，
BBC 节目《仰望夜空》
的联合主持人。

斯蒂芬·威廉·霍金

理论物理学家和宇宙学家，
他提出了黑洞理论。

查尔斯·亨利·特纳

动物学家，他发现了昆虫具有
听觉并可以区分声调。

海蒂·拉玛

发明家和好莱坞电影明星，
她发明的扩频通讯技术为手机
的出现奠定了基石。

万加丽·马阿萨伊

肯尼亚环境保护主义者，在肯尼亚，
为了防止水土流失，
万加丽女士鼓励乡下的
妇女种植树木。
这项活动扩展为"绿带运动"。

在下面的空白处画一幅你的自画像，然后写下你未来梦想的科学成就。

科学家善于向他人学习

牛顿曾说："如果说我看得比别人更远些，那是因为我站在巨人的肩膀上。"

牛顿提出了万有引力定律和运动基本定律。

因为有前人的经验，我们大家才得以了解很多事情。
你从别人那里学到了什么？选一样画下来。

现在想象一下，如果他们没有告诉你那些经验，你自己会怎么弄清楚呢？
画一画你可能会怎样做：

科学家以新的角度看待事物

看看这棵树的树枝，你看到什么图案或熟悉的形状了吗？发挥你的想象力。
用彩色铅笔勾勒或描摹出你找到的形状。然后，把这本书颠倒过来再看一次。
你看到了什么图画或图案？

创作你自己的"视觉发现"题目。在这页随意涂鸦，然后在你的涂鸦画中寻找
图案。你能找到脸吗？动物呢？其他物体呢？

物质的构成

宇宙中占据空间的东西叫作物质。

你能摸到、看到、闻到或尝到的所有东西都是由物质构成的。

想象一下宇宙是一大碗蔬菜汤。

真好吃，宇宙汤！

这碗汤会由什么构成？

它里面有土豆、胡萝卜、黄豆、豌豆和水。

（里面没有孢子甘蓝哟，因为人人都知道孢子甘蓝放在汤里会很难吃。）

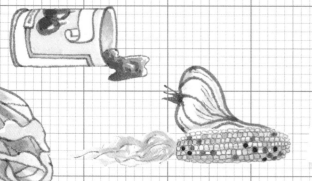

每种蔬菜都可以被分解成不同的成分，例如碳水化合物、蛋白质、纤维和水。

可这些成分又是由什么构成的呢？

我们可以把上面的每种成分都分解成更微小、然后再微小的成分。最后，它们被分解成最基本的成分，就再也不能被分解了。仅由一种成分构成的东西叫作元素。

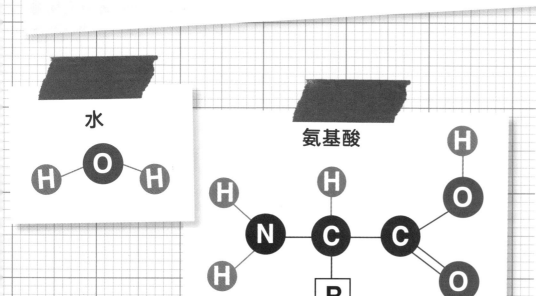

水

氨基酸

R

支链

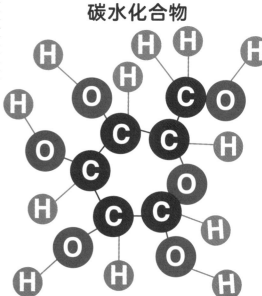

碳水化合物

元素的正式定义是指用化学方式不可再分的基本微粒。

元素可以被分解成更小的部分，它们只是元素的一部分，而不再是元素。就像西红柿皮只是西红柿的一部分，但不是西红柿。元素的组成部分非常小，它们有绝妙的名字，如质子、电子、中子、夸克、轻子和重子。这些名字用来作为伟大的摇滚乐队的名字大概很不错！

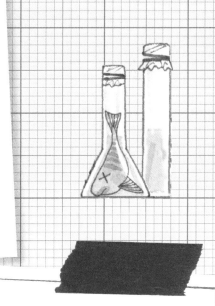

化学研究物质及其性质，以及元素如何结合形成新的物质。

现在来看看你周围的东西，选一个，把它画在这里吧。

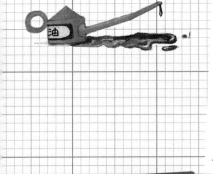

它能被分解成更小的成分吗？如果可以的话，把它们画在这里。这些成分还能继续分解吗？在这里画出来或列出来。

最基本的元素

元素是同一类原子的总称，原子是构成元素的基本单位。

原子和其他原子结合形成分子。这些原子可以是同一种元素，也可以是不同的元素。

一个氢分子（H_2）由两个氢原子构成。

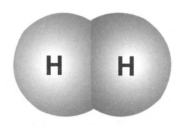

一个氧分子（O_2）由两个氧原子构成。

一个水分子（H_2O）由两个氢原子和一个氧原子构成。

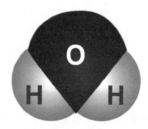

下面是一些常见分子的化学式：

二氧化碳 - 你呼吸时呼出的气当中就包含这种气体：
1 个碳原子和 2 个氧原子（CO_2）

氯化钠 - 食盐：1 个钠原子和 1 个氯原子（$NaCl$）

醋酸 - 醋：2 个碳原子、4 个氢原子和 2 个氧原子（$C_2H_4O_2$）

碳酸氢钠 - 小苏打，可以用来做饼干和面包：
1 个钠原子、1 个氢原子、1 个碳原子和 3 个氧原子（$NaHCO_3$）

观察化学反应

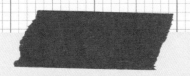

材料：

- 大量杯
- 醋（醋酸）
- 量勺
- 小苏打（碳酸氢钠）
- 钢笔或铅笔（做笔记用）

1. 把一个大量杯放在厨房操作台上。

2. 往量杯里倒入 100 毫升醋。

3. 观察醋，在下面做记录。

_____

_____

_____

_____

4. 把有醋的量杯放进空水槽里。

5. 量出 1 勺（大约 15 克）小苏打。

6. 把小苏打倒进醋里。

7. 观察会发生什么变化，在下面做记录。

_____

_____

_____

_____

_____

_____

8. 静置 2 分钟，再次观察，做记录。

_____

_____

_____

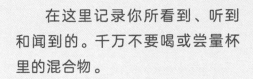

在这里记录你所看到、听到和闻到的。千万不要喝或尝量杯里的混合物。

当你把小苏打倒进醋里的时候，混合物会马上起泡沫，在量杯里迅速往上蹿。听听泡沫破碎时的声音，这种嘶嘶声持续了多久？

实验结束后，量杯里的液体是否还和之前一样多？看起来有变化吗？

这就是化学反应的过程：醋酸（C$_2$H$_4$O$_2$）和碳酸氢钠 (NaHCO$_3$) 发生反应，生成醋酸钠 (NaC$_2$H$_3$O$_2$)、水 (H$_2$O) 和二氧化碳 (CO$_2$)。二氧化碳是混合物中生成的气体，在泡沫破碎的同时散发到空气中。

化学方程式是对分子结合或分离过程的科学描述。下面是一个化学方程式的图解。

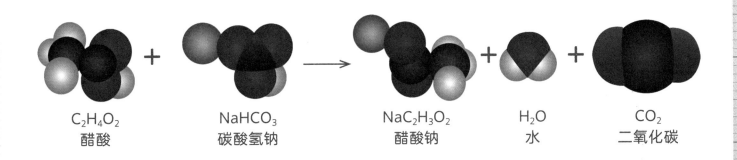

C$_2$H$_4$O$_2$　　　NaHCO$_3$　　　　NaC$_2$H$_3$O$_2$　　　H$_2$O　　　CO$_2$
醋酸　　　　　碳酸氢钠　　　　　醋酸钠　　　　水　　　二氧化碳

符号说明：▨ 氧（O）　　▨ 氢 (H)　　■ 碳 (C)　　▨ 钠 (Na)

伟大的想法

科学定律是经过反复验证的关于天地万物的普遍规律。
质量和能量守恒定律就是一条科学定律。

质量和能量守恒意味着质量和能量既不能被创造，也不能被消灭，
它们可以由一个物体转移到其他物体，或由一种形式转变为另一种形式，但是永远不会消失。

物质是宇宙中占据空间的客观存在的东西，包括你能看到、摸到、尝到、感觉到或移动的任何东西。

质量是一个物体中所包含的物质的量。一个物体的质量取决于原子的类型和数量。

能量是做功或使物体运动的能力。能量有两大类：势能和动能。
势能可以被存储、转化或在需要时使用，例如电池、燕麦能量棒或汽油，每种都含有储存的能量。

动能来自波浪、电子、原子、物质或其他物体的运动，比如来自太阳的辐射能、火山喷发的热能或风运动产生的风能，都属于动能。

思考一下你用醋和小苏打进行的化学反应。

一开始有 14 个原子，结束时也是 14 个原子。

一开始有两种分子，结束时是三种完全不同的分子。这个化学反应不会增加或减少任何原子，只是让原子重新组合成新的分子。

一开始液体有 100 毫升，可是之后变少了。醋中的分子被分解，原子重新排列成另外的分子。其中一些分子形成气泡，当气泡到达混合物的表面时，破裂并飘走。

实验最后，物质看似比最初减少了，但它其实依然存在，只是变成了不同的形式。其中一部分不再是量杯中的液体，而是以气体的形式散发到了空气中。

数一数在化学反应之前和之后原子的数量。
它们全都在呢！它们被保留了下来。

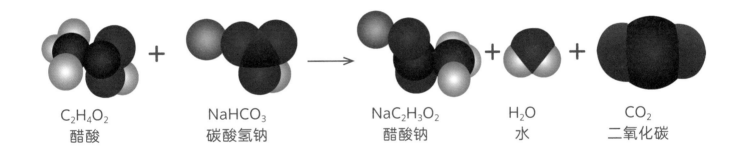

$C_2H_4O_2$	$NaHCO_3$	$NaC_2H_3O_2$	H_2O	CO_2
醋酸	碳酸氢钠	醋酸钠	水	二氧化碳

反应前的原子	**反应后的原子**
2+1 个碳（C）原子	2+1 个碳（C）原子
4+1 个氢（H）原子	3+2 个氢（H）原子
2+3 个氧（O）原子	2+1+2 个氧（O）原子
1 个钠（Na）原子	1 个钠（Na）原子
总共 14 个原子	总共 14 个原子

进行原子重组

把下面的图形当成"原子",用这些"原子"组建一个完整的新图形,确保把它们全部都用上!记住,你不能增加或减少数量,只能重新组合!

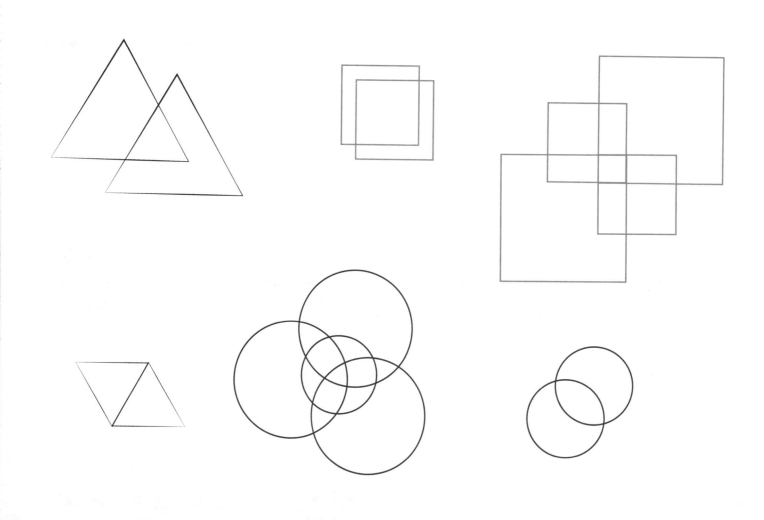

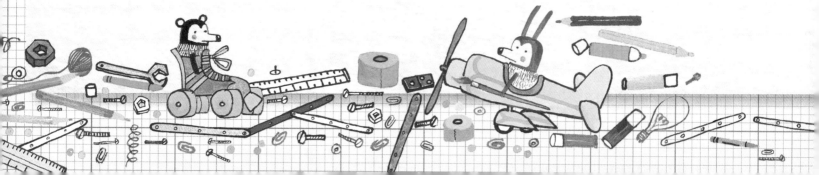

把你新创造的形状画在这里。

植物

植物含有一种叫叶绿素的绿色化学物质，
它们可以利用阳光进行化学反应。
叶绿素与空气中的二氧化碳（CO_2）和植物根收集来的水（H_2O）起反应，
产生氧气（O_2）和一种叫作葡萄糖（$C_6H_{12}O_6$）的复杂分子。
植物以葡萄糖为能量。葡萄糖是糖的一种，储存在根、茎、叶和果实中。

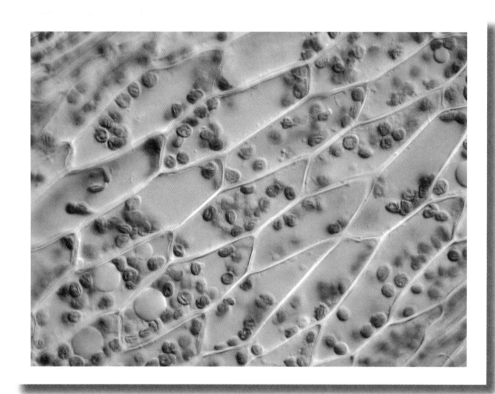

这是含有叶绿素的植物细胞。叶绿素吸收光能发生化学反应。在化学反应的过程中，叶绿素不会发生变化，但它起到催化剂的作用，加速化学反应。

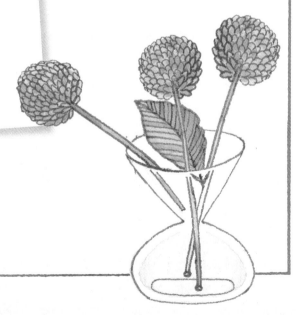

能量

叶绿素

吸收光能，促成化学
反应。

氧气（O_2）

二氧化碳（CO_2）

葡萄糖（$C_6H_{12}O_6$）

- 一些用于植物生长所需要
  的能量。
- 一些存储在叶子、根和果
  实里。

水（H_2O）

种植植物

观察种子发芽。

材料:

- 纸巾
- 空烤盘
- 3 种不同种类的种子,各 12 粒
- 量杯
- 水
- 放大镜
- 钢笔或铅笔（做笔记用）

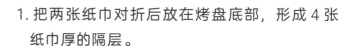

1. 把两张纸巾对折后放在烤盘底部,形成 4 张纸巾厚的隔层。

2. 将纸巾平均划分为三个区域,其中一处放 12 粒第一种种子,每粒种子之间留出 0.5～1 厘米的间距。

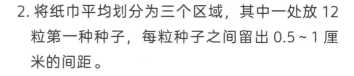

3. 把另外两种种子依次放置进其他两个区域。

4. 将另一张纸巾对折，用它盖住种子。

5. 量出 200 毫升的水。

6. 把水均匀地倒在纸巾上，使每粒种子都保持湿润。

7. 一天两次，揭开最上层的纸巾，使用放大镜认真观察种子。把你的观察结果记录在下面。

_____

_____

_____

_____

_____

_____

8. 及时浇水，使纸巾保持湿润。连续坚持检查和观察至少 15 天。参考种子的外包装说明，了解每种种子的预计发芽时间。

_____

_____

_____

_____

_____

种植植物

在土壤里播种。

材料：

- 装鸡蛋用的空纸盒
- 托盘或烤盘
- 盆栽土壤混合物
- 3 种不同种类的种子，各 4 粒
- 3 张便利贴（可选）
- 3 根牙签（可选）
- 钢笔或铅笔
- 水

1. 把空鸡蛋纸盒放在托盘或烤盘上。

2. 在每个空格中填入盆栽土壤混合物，填至格子的四分之三处。

3. 每隔三个格子放入一粒第一种种子。

4. 添加土壤，轻轻盖住每一粒种子。

5. 把其余两种种子按照以上步骤分别种进其他格子里。

6. 把便利贴固定在牙签上，给每组种子制作标签，在每个标签上写下每类种子的名字，插在对应种子的格子旁边。你也可以在鸡蛋盒盖上写下每类种子的名字。

7. 每天给种子浇水，或者视情况确保鸡蛋盒里的土壤一直保持湿润。

8. 每天观察种子变化，连续坚持检查和观察至少 15 天。参考种子的外包装说明，了解每种种子的预计发芽时间。（如果你的种子发霉或者不发芽，就把它们扔掉，并用新的种子重新进行实验。）

9. 把你的观察结果记录在这里。

_____

_____

_____

_____

　　在种子发芽长到 4 厘米高的时候，可以进行移植。移植时需要准备一个装着盆栽土的花盆或者在花园里挖一小块地。轻轻撕开或剪开鸡蛋盒，把装着种子的鸡蛋盒的格子分开。修剪掉鸡蛋盒底部的纸，以便让植物的根生长。把鸡蛋盒里的每一株幼苗都放进花盆或者你的花园里。注意不要弄断幼苗的根。给每株幼苗的根埋上 2 厘米厚的土。在它们的生长过程中继续定期浇水。

　　在你的植物生长的同时，请继续做记录。你观察到了什么？

_____

_____

_____

有些品种的幼苗在移植后可以生长得很好，但有些并不是这样的。哪种种子的幼苗在移植后生长得更好？

61

植物遵循的规律

还记得质量和能量守恒定律吗？
质量和能量不会凭空产生，也不会凭空消失，只能守恒。

光合作用反应中，保持守恒的是碳原子、氧原子和氢原子，还有能量！

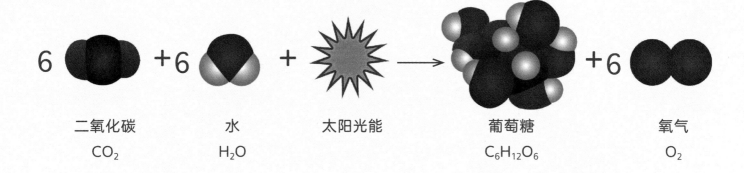

二氧化碳	水	太阳光能	葡萄糖	氧气
CO_2	H_2O		$C_6H_{12}O_6$	O_2

光合作用前的原子数	**光合作用后的原子数**
6 个碳（C）原子	6 个碳（C）原子
6×2 个氧（O）原子 +6 个氧（O）原子	6 个氧（O）原子 + 6×2 个氧（O）原子
6×2 个氢（H）原子	12 个氢（H）原子
总共 36 个原子	总共 36 个原子

　　能量以一种叫作葡萄糖的特殊糖分子的形式存储下来，直到被另一种叫呼吸作用的化学反应释放出来。

　　当我们食用植物时，我们的体内也在进行着这种化学反应，并利用释放出来的能量生长、工作和玩耍！

　　这就是我们食用蔬菜、水果等植物的原因！

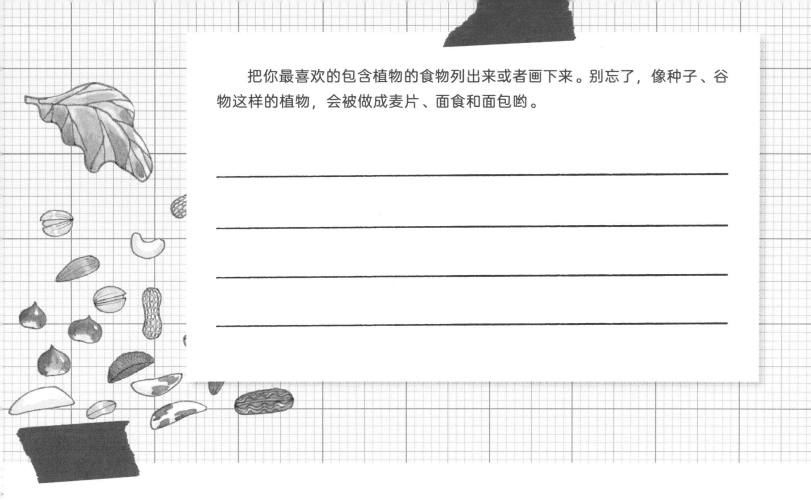

把你最喜欢的包含植物的食物列出来或者画下来。别忘了，像种子、谷物这样的植物，会被做成麦片、面食和面包哟。

食用植物得到的能量，让你得以去玩耍或做事，把这样的情景画下来吧：

呼吸作用和烂桃子

呼吸作用的化学反应是这样的：

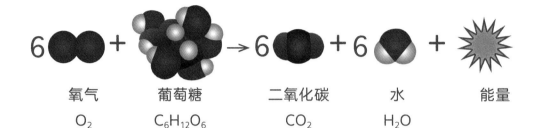

氧气	葡萄糖	二氧化碳	水	能量
O_2	$C_6H_{12}O_6$	CO_2	H_2O	

你的身体利用呼吸作用产生的能量去生长、工作和玩耍。

不仅人类如此，微生物、动物、真菌和植物也通过呼吸作用分解葡萄糖，释放能量。

就算一株植物死了，呼吸作用也会发生。

想象一个从树上掉到地面上的桃子，一天后它看起来还一样吗？一周后呢？
一个月后呢？

桃子一落地，就开始被霉菌、真菌、昆虫和动物分解。
这个过程可能会持续很长时间，桃子会腐烂，它的元素也会分解到泥土里。
通过呼吸作用，二氧化碳将返回空气中。

观察腐烂过程

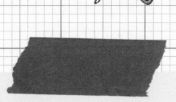

1. 把水果放在你的酸奶玻璃瓶里。

2. 用剪刀小心地剪一片足够盖住酸奶瓶口的保鲜膜，记得在边缘多留出 5 厘米。

3. 将保鲜膜盖住酸奶瓶瓶口，并用橡皮圈箍紧。

4. 用铅笔尖在保鲜膜上扎 10 个孔。

5. 把酸奶瓶放在台子或桌子上。

6. 连续一个月每天观察并记录水果的大小、形状、气味、颜色和质地的变化。记住，不要去尝腐烂的水果。

材料：

- 1/4 个桃子、苹果或李子
- 干净的空酸奶瓶
- 保鲜膜
- 剪刀
- 橡皮圈
- 削尖的铅笔

把你的观察结果记录在这里：

_____

_____

_____

_____

分解者

你能帮助阿达在森林里探险吗?

秋天,鲜红色、橘色和金黄色的树叶落到森林的地上。

到了春天,地上的落叶变成褐色,枯萎并腐烂。阿达想知道这是为什么。

为什么这些落叶不会年复一年地堆积起来,直到把树木都埋住呢?为什么它们会变成褐色?

把你的想法写在这里:

_____

_____

_____

_____

许多微生物能分解树叶,使它们的养分返回土壤中,被植物利用。这些微生物叫作分解者。

帮助阿达寻找这种可以发挥重要分解作用的微生物。

材料:

- 白色塑料垃圾袋
- 放大镜
- 橡胶手套
- 手工铲子

1. 和大人一起,在森林或花园的树下找一个有腐烂叶子的地方。

2. 把垃圾袋平铺在附近的地面上。

3. 用放大镜观察树叶,记录它们的颜色和质地。

4. 戴上橡胶手套，用手工铲子铲一些腐烂的叶子到垃圾袋上。把叶子平摊开来，再次用放大镜观察上面的昆虫、蚯蚓或者你能找到的其他动物。

5. 再去树下挖一些埋在更深处的叶子，平摊在垃圾袋的其余地方。

6. 观察并记录你的观察结果。

7. 继续深挖和观察。

8. 试试到不同树下的不同地点或者腐烂的原木附近挖一下。那里有其他昆虫、蚯蚓，或微生物吗？

埋得更深的叶子，在形状、质地、大小、气味或颜色上有什么不同？你还能看见什么？有树根吗？有蘑菇或者其他菌类吗？**（千万别吃你在森林里发现的任何蘑菇或植物**，在接触完这些植物以后，一定要洗手和清洗衣服。）

有蚯蚓吗？毛毛虫呢？千足虫呢？

使用你在图书馆借到的参考书，分辨你找到的微生物。

在这里画图并记笔记：

碳循环

还记得质量和能量守恒定律吗？你当然记得！

这个定律是说质量和能量不会凭空产生，也不会凭空消失，但是可以转移，
比如下面这个例子：大自然通过光合作用和呼吸作用，重新排列碳、氢和氧分子。

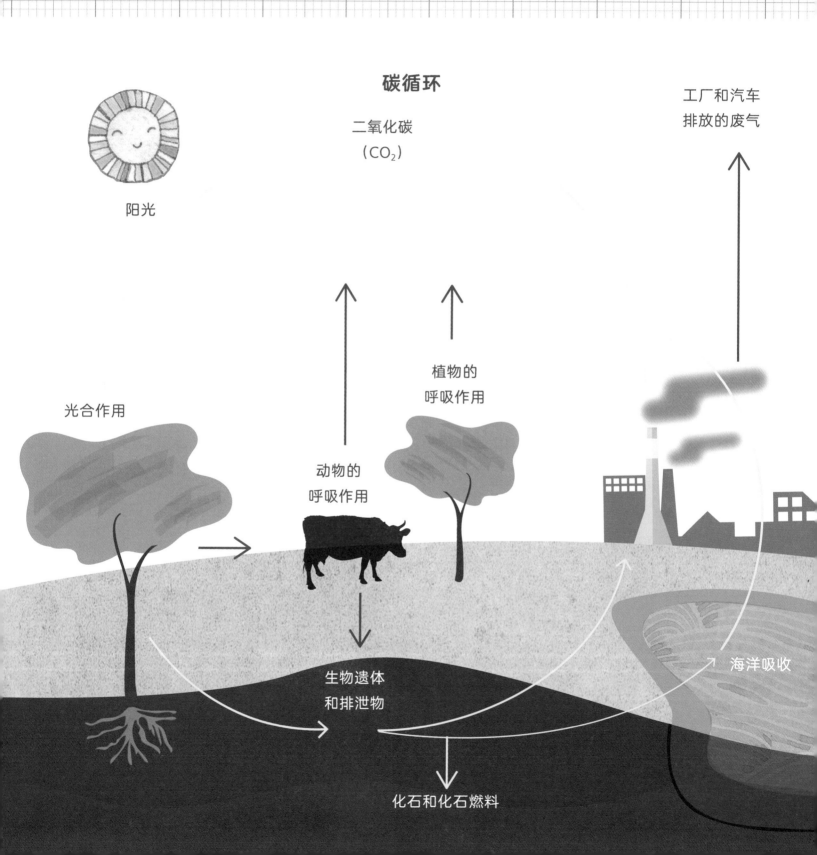

碳循环

二氧化碳
（CO_2）

工厂和汽车
排放的废气

阳光

光合作用

植物的
呼吸作用

动物的
呼吸作用

生物遗体
和排泄物

海洋吸收

化石和化石燃料

植物吸收二氧化碳，释放氧气。

分解者通过呼吸作用吸收氧气，释放二氧化碳。

植物吸收二氧化碳，再把氧气释放到大气中。

然后分解者吸收氧气，释放二氧化碳。

植物再吸收二氧化碳……

等一等！

注意到了吗？这里有着重复的模式。

你肯定注意到了，二氧化碳的产生和利用是一个循环的过程，这叫作碳循环。

碳循环为我们提供了呼吸所需的氧气，并帮助分解动植物的遗体，使我们的地球免于被未腐烂的植物和动物埋没！想象一下，如果你家院子里堆积了数百万年的树叶，那会有多深。毕竟树木在地球上已经存在了 3.5 亿年！这真是漫长的年月，树叶会有好多好多！

碳循环不断地转换着空气中的二氧化碳和氧气。这个化学反应一直在进行，然而，大气中二氧化碳和氧气的含量，经过几十万年后却在渐渐变化。

当二氧化碳在空气中积蓄多了，地球就会变暖。当空气中的二氧化碳减少时，地球就会变冷。这些缓慢的变化，导致了地球历史上的暖期和冰期。

科学家之所以知道这些，是因为他们是"侦探"。科学家研究了冰川冰块样本、海洋样本、树木中和其他地方的二氧化碳的含量，并用这些信息和其他数据去勾勒气候历史。

天气与气候

知道天气与气候的区别十分重要。

有时候，人们以严寒天气或暴风雪为依据，而断定地球没有变暖。

其实，这是混淆了天气和气候的概念。

天气是短时间内大气层的具体变化，包括气温、风向、风速、雨雪或其他降水量，以及气压。

气候是指某一特定地区在相当长一段时期内的天气模式，
按照美国国家航空航天局（NASA）的标准，至少是三十年，实际上如果有更长时期的数据会更可靠。

利用下面的图表来记录你的居住地连续一周的天气。

从当地报纸或新闻电台收集信息。

如果你能够坚持记录几十年，就可以得出关于你的居住地的气候图。

	星期一		星期二		星期三		星期四		星期五		星期六		星期日	
时间	上午	下午	上午	下午	上午	下午	上午	下午	上午	下午	上午	下午	上午	下午
温度														
风向														
风速														
降水量														

事实证明，在漫长的历史中，地球的气候经历了许多变化，而且现在还在发生一些新的不同的变化。有些变化是每个人都需要知道的，特别是那些很危险的变化！

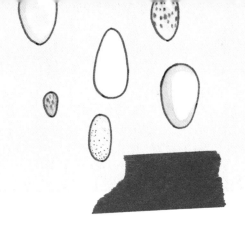

地球的大气层正在迅速变暖，气温和我们空气中的二氧化碳含量也在急速升高！

如果这种状况持续下去，气温升高将对地球和地球上所有的生物，包括植物、动物和我们人类自己，产生危险的影响！

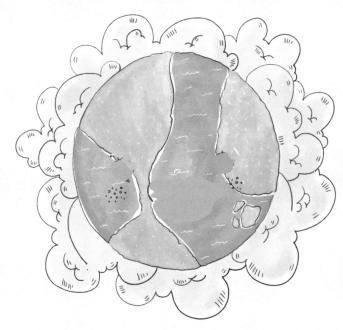

为什么会发生这样的变化呢？

这个问题的答案要追溯到几亿年前。

让我们来读一个与此相关的故事吧！放轻松！也许你在阅读的时候，需要来一块美味的饼干和一杯牛奶。因为这是一个非常非常非常缓慢的故事。

不幸的树叶鲍勃

很久很久以前，差不多在3亿年前，地球被海洋、森林和沼泽所覆盖。

有点儿说不上来的毛骨悚然，

但更多的是令人惊叹！

在一个沼泽林中，有一片长在树上的树叶，它的名字叫鲍勃。一天，鲍勃落进了沼泽。

这是鲍勃的结局……但这并不是我们故事的结局。

实际上，这甚至也不是鲍勃的结局。

沼泽林看起来就像这样。

鲍勃被水、泥土以及其他落进这泥水中的植物和动物所覆盖。通常情况下，叶子（比如鲍勃）和其他生物体会腐烂，并把二氧化碳释放到大气中去。然而，鲍勃和其他生物体没能够完全腐烂，因为水中的氧气含量太少了，呼吸作用无法进行。所以它们部分腐烂在死水中，变成了泥炭。泥炭是沼泽中未充分腐烂的东西构成的海绵状混合物。它很酷，但是也有点恐怖，不过总体上还是很酷。

时间一天天过去了，一个星期又一个星期过去了，几个月、几年和几世纪过去了。鲍勃开始觉得无聊，但没办法，在一大堆树叶中，被其他堆积在上面的枯叶以及死去的动物挤压，一片没完全腐烂的树叶的命运就是如此。

接着，突然……3 亿年过去了。噢！时间过得真快！

3 亿多年堆积其上的植物和动物的重量，给包括鲍勃在内的堆积物底层造成了巨大压力。最终，压力和热量导致堆积物产生了化学变化。

还记得吗，树叶（比如鲍勃）含有葡萄糖分子（$C_6H_{12}O_6$）。还有，因为质量和能量守恒定律，葡萄糖分子中的所有原子能够被转移，但绝不会消失。鲍勃的碳原子一部分作为二氧化碳释放出来，一部分与氢原子结合产生一种叫甲烷（CH_4）的气体。其他的碳原子被巨大的热量和压力挤压，变成煤。煤主要由碳（C）构成。

泥炭

褐煤

亚烟煤

沥青

煤

73

而在海洋中，死掉的动物、浮游生物和其他生物体因为高压和高热，也经历了相似的过程，变成石油或天然气，它们也主要由碳原子构成。

所有这些都发生在考古学家所说的地质历史上的石炭纪。这一时期，大量的石油、煤炭和天然气被掩埋在地下和海洋深处。

鲍勃和其他动植物以葡萄糖形式储存的能量，没有通过呼吸作用释放出来，而是被保存在了煤里。这就是为什么煤是强大的能量来源。煤、石油和天然气都含有能量，这些能量来自植物吸收的太阳能或食用了植物的动物。那些死去的植物和动物被称为化石，而煤、石油和天然气叫作化石燃料。

化石燃料遇到氧气，被点燃或燃烧时，就释放出热能和二氧化碳。

我们用这种能量去发电、做饭、给家里供暖和驾驶汽车。二氧化碳散发到空气中，留存下来，直到一株植物与其发生光合作用，碳循环又重新开始。

那么，鲍勃最后怎么样了？

它变成了一块煤，在发电厂被燃烧发电。这就是鲍勃的真正结局。

也是我们这个故事的结局。

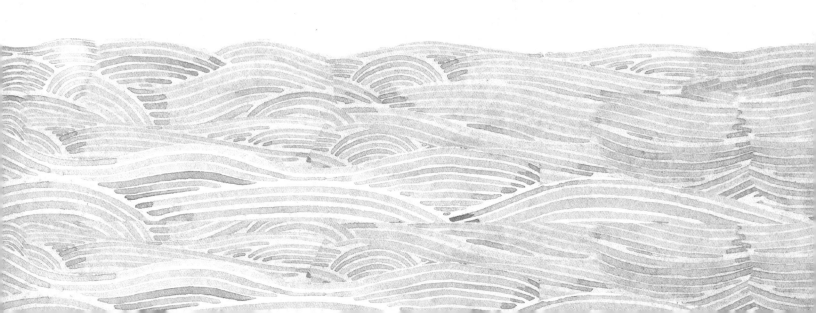

化石燃料、石油和燃烧

我们挖掘和开采化石燃料，并利用它们给我们所需要的一切提供动力。

煤和天然气被用来发电。

现在看看你的周围，有哪些物品需要用电？

把它们列在这里：

_____

_____

_____

_____

_____

_____

_____

_____

石油可以被加工成汽油，用作汽车和飞机的燃料，此外它还用于制造塑料和其他材料。

看看你周围的物品，有什么东西是用塑料或人造纤维做成的？（天然纤维可以在自然界中找到，包括棉花、亚麻和竹子等。）

在这里列一个清单：

_____

_____

_____

_____

_____

_____

_____

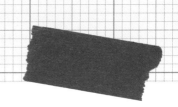

内燃机燃烧煤、汽油或气体燃料做功或发电。

把你知道的有发动机的机器列在这里：

_____

_____

_____

_____

_____

_____

_____

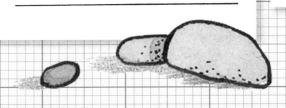

那会怎么样

我们每天使用大量的化石燃料。随着我们发明和制造了越来越多燃烧汽油或其他化石燃料的机器，
我们耗费的化石燃料也越来越多。

化石燃料在燃烧的过程中会向空气中排放二氧化碳分子（CO_2），
这些分子和大气中的甲烷分子（CH_4）、水汽（H_2O）等，有一个特性，不吸收太阳辐射。

太阳光透过大气温暖了地球表面，地球又向外散发热辐射，但是二氧化碳（和其他）分子却会强烈吸收
这种热辐射，把热量困在大气层中。地球无法冷却下来。随着越来越多的阳光到达地球表面，地球变得
越来越暖和。

我们把二氧化碳和甲烷称作温室气体，因为它们不但阻拦太阳光，同时又保存了热量，
就像温室的棚顶一样。

科学家研究表明，地球大气层变暖加速的原因在于人类越来越多地使用化石燃料。

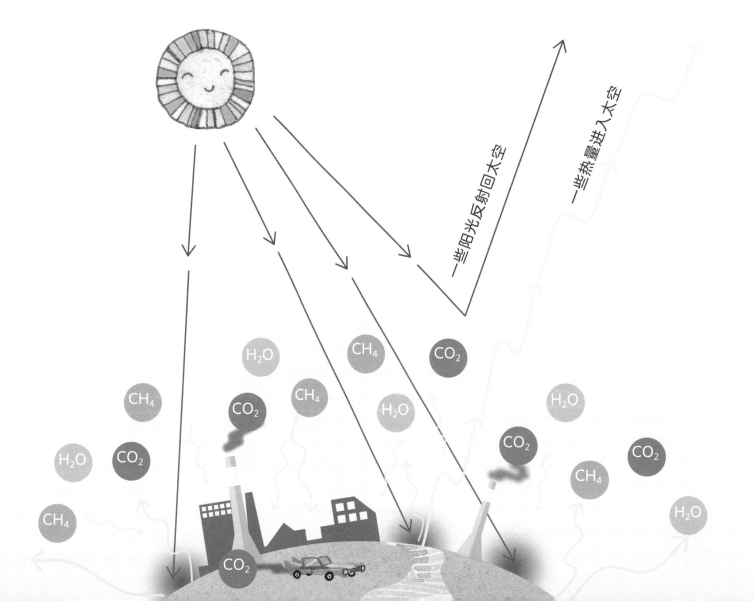

以汽油和柴油为燃料的汽车排放的尾气，是大气中二氧化碳的主要来源。你能设计一辆使用风能或太阳能，或其他可再生能源的汽车吗？把它画在这里：

那会怎么样

为什么二氧化碳和其他温室气体在大气中积聚多了，问题会很严重？
为什么地球的大气层正以惊人的速度变暖，问题会很严重？

全球气温上升导致：

- 降水模式发生变化，影响农作物生长和食物供应。

- 更频繁、更强烈、范围更广的飓风。

- 热浪、干旱和火灾增加。

- 北极和南极的冰层融化。

- 海平面升高。

这对生活在冰上的动物，比如北极熊、企鹅等，会有什么
影响？

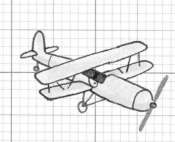

当水受热以后，体积会膨胀。由于气候变化，海水变热，
海水也会上涨，这就意味着海平面上升。温度升高也会导
致冰川和极地冰盖融化，从而加剧海平面的上升。

海平面上升使沿海城市在暴风雨多发期面临洪水灾害。

很多人将因为海平面上升而失去家园。这些人将去往
哪里？他们又将怎样生活？

- 对雨林的破坏带来了更多的问题。

- 大量多余的二氧化碳聚积在地球的雨林中。当雨林中的树木死亡以后，大量二氧化碳会通过腐烂树木的呼吸作用或树木燃烧释放出来。但若雨林被砍伐或烧毁，就没有了树木来吸收空气中的二氧化碳。这意味着将会有更多的二氧化碳聚积到大气中。

气候变化是复杂的，洋流、气流、风型以及甲烷等温室气体的排放都会影响气候变化。

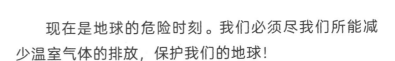

现在是地球的危险时刻。我们必须尽我们所能减少温室气体的排放，保护我们的地球！

去图书馆查找更多关于温室气体和气候变化的资料。你知道得越多，就越能更好地去应对它！

能源游戏

如果我们尽快采取行动，就可以减缓并有效扭转气候变化的一些负面影响。
我们必须寻找并使用可再生能源，因为它们不会使大气中的温室气体增加。
我们还必须减少能源消耗、保护雨林。

然而，时间已经非常紧迫。
随着地球变暖，气候变化带来的影响也越来越严重，最终将导致不可挽回的局面。

在这个游戏中，你必须帮忙转变我们所使用的能源类型，
从碳基燃料转向清洁能源，如太阳能、风能或波浪能。
你也可以通过种树或找到降低能源消耗的新方式来改善局面。
你能在地球过热之前到达游戏终点吗？

准备材料：20 枚 1 角硬币、1 枚 5 角硬币、1 枚 1 元硬币

游戏规则：

1. 把 1 角硬币放在煤田和油田的碳元素标记（C）上，这是你的化石燃料。

2. 把 5 角硬币放在**起点**。

3. 抛掷 1 元硬币来决定你可以移动的步数。
   - 正面：移动一步
   - 反面：移动两步

4. 当你使用化石燃料的时候，碳元素将与空气中的氧气结合，温度计上的温度将会升高！

   根据每一步指示和相应的温度计指数移动 1 角硬币。如果温度计达到了"高温临界点"，无论棋盘方格里写的是什么，1 角硬币都不能再移动了。

5. 有些措施（如节约资源或发明新的节能技术）可以将 1 角硬币从棋盘上清走。它们都已经出局，你把这些能源储存了起来！

6. 如果你在温度计温度升到最高之前到达了**终点**，你就赢了！如果地球已经过热，而你还没有到达终点，我们就都完了！

7. 祝你好运！地球就靠你了！

太阳

风

起点

城市选择柴油公交车。从化石燃料处拿走 3 个硬币。

交流电机组配置太低！消耗了太多的电。从化石燃料处拿走 2 个硬币。

新太阳能农场！在太阳处放 2 个硬币。

不关心气候变化，后退 2 步。

夜间不关闭电脑。从化石燃料处拿走 1 个硬币。

新风能农场！在风处放 2 个硬币。

没有公共交通工具。从化石燃料处拿走 3 个硬币。

筹集资金，帮助重新种植雨林。在雨林处放 2 个硬币。

限制使用热水。从棋盘上移走 1 个硬币。

学校回收计划！从棋盘上移走 1 个硬币。

废除燃油效率法。从化石燃料处拿走 4 个硬币。

汽车高燃油效率法！从棋盘上移走 2 个硬币。

走路、骑车或拼车去上学。从棋盘上移走 1 个硬币。

新太阳能农场。在太阳处放 2 个硬币。

发明新的高效率电池！从棋盘上移走 1 个硬币。

海浪发电厂。在海洋处放 2 个硬币。

禁用棕榈油，保护了雨林。在雨林处放 2 个硬币。

更好的公共交通设施。从棋盘上移走 2 个硬币。

终点

向公众普及气候变化方面的知识。在太阳、风、海洋和雨林这四处各放 1 个硬币。

削弱环境法律。从化石燃料处拿走 4 个硬币。

雨林

海洋

煤

石油

临界点

在海边

每年夏天，阿达一家都会和爷爷奶奶一起去海边度假。
他们去游览一个小岛，在那里，阿达发现了许多问题，并寻找着答案，
而她的哥哥则在寻宝。

三年前，阿达和哥哥在靠近小岛中央的一座小山上建了一座浮木城堡。
每次去游玩的时候，他们都会在海滩上四处搜寻浮木，加到他们的"城堡"上。

今年，阿达和哥哥到达这座岛的时候，都惊讶不已。
城堡不见了！飓风将汹涌的海浪吹向小岛，冲走了城堡。

阿达不明白为什么会这样。城堡远远高出海滩并远离海岸。
海浪怎么会把它冲走呢？

假期结束后，她做了一些调查，了解到海平面正随着气候变化而上升。
大气升温，也使得飓风更猛烈、更频繁。
这些强烈的风暴导致海水暴涨，这叫作风暴潮。
风暴潮能达数米高，使距离海岸很远的地方遭受洪灾。
这种洪水影响了世界上数百万人，而且随着气候持续变暖，情况会变得更加糟糕。
据记载，风暴潮最高超过 8 米。

阿达还学会了看等高线地形图。这种地形图能显示出高出海平面的陆地高度。请你帮助阿达利用等高线地形图找一个安全的地方，来建一个新的城堡。

地图上的每一个圆环显示的都是所在地高出海平面的高度。
圆环之间的距离表明地面坡度的陡峻程度。

等高线稀疏，表明坡度不那么陡。等高线密集，表明坡度陡峭。

如果风暴潮来临，多高的海水会淹没阿达的城堡？请你用彩色铅笔标记出来。

3D 地图注记: 2 米　　3 米　　4 米　　**5 米**　　**6 米**

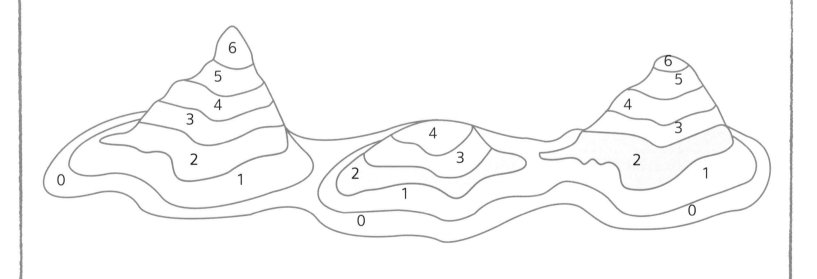

阿达和哥哥应该在哪里建造他们的新城堡呢？把它的位置画在他们的地图上。增加一个瞭望塔，并标记出三处埋宝藏的地方。他们还可以建造什么？

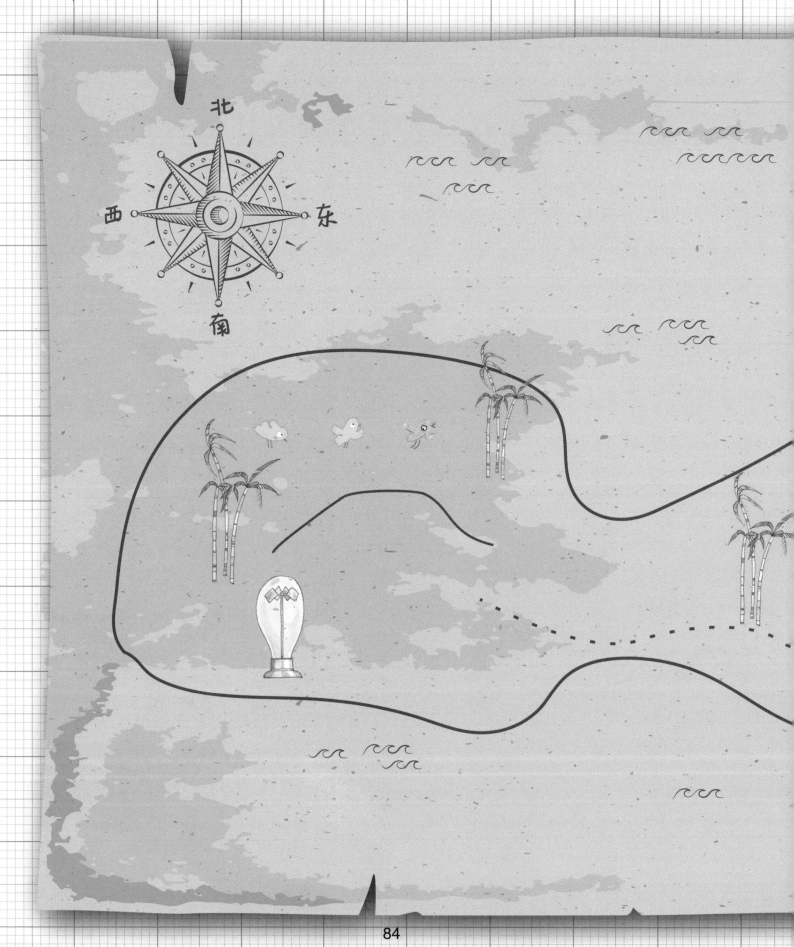

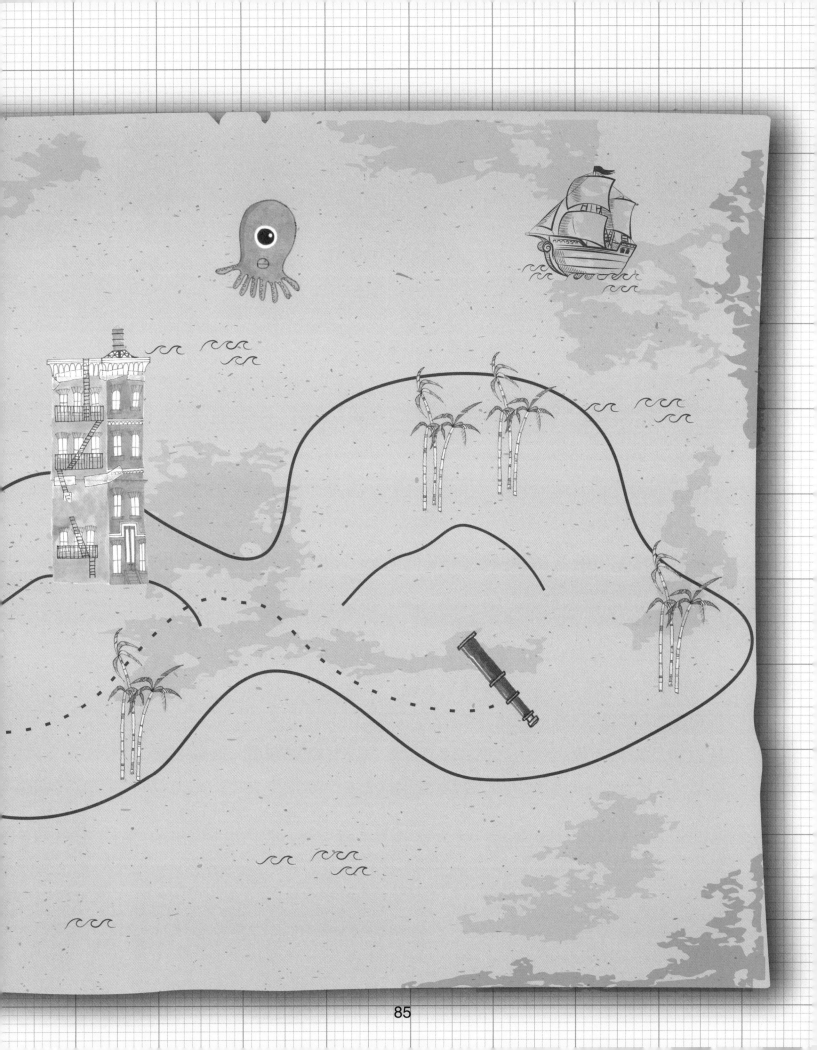

为了降低大气中的二氧化碳含量，你能做些什么

下面是现在你和你的家人可以开始做的 10 件事：

1. 降低能源消耗：不使用电灯和电器时，及时关闭电源开关。在不使用电子设备的时候，拔下电源插头或关闭插线板开关，完全切断电源。

2. 改变出行习惯：尽可能骑自行车、走路或使用公共交通工具，减少私家车的使用。如果必须乘坐汽车，可以选择和朋友拼车。

3. 回收再利用！购物时可以选择旧货店。

4. 购买简易包装的商品。

5. 改变饮食习惯：在农贸市场购买本地种植的农作物，这样可以减少运输过程中的碳排放。自己在菜园里种菜就更好了！

6. 冬天，请父母把可调温度取暖器的温度调低一些，在室内可以穿上毛衣保暖。

7. 夏天，请不要把空调温度调得太低，可以穿得轻薄凉快一些。如果可以的话，用风扇代替空调。

8. 洗澡时用淋浴代替泡澡，可以更省水。

9. 用可重复使用的水瓶装水，代替买瓶装水。

10. 尽量多穿几次衣服、多用几次毛巾之后再清洗，减少使用洗衣机和热水器的次数。

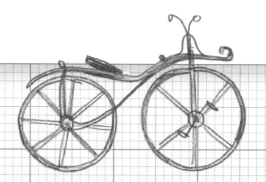

5 项重大举措

我们必须尽快实施的 5 项重大举措:

1. 在全球范围内鼓励植树造林。

2. 向可再生资源和碳中性资源（如太阳能和风能）过渡。

3. 呼吁各国人民努力应对气候变化。

4. 推广应对气候变化、拯救地球的知识。

5. 支持应对气候变化的企业。

更多行动提示:

　　从调查研究开始。图书馆是开始调查研究的最佳场所，和图书管理员一起了解这些论题。思考一下如何利用查到的信息，使它们发挥作用。

入手点:

1. 了解应对气候变化的全球性组织。

2. 了解保护森林的全球性组织。

3. 你所在地的政府官员是谁？对于应对气候变化他们做过什么？与他们联系，并把你认为重要的想法告诉他们！

让其他孩子也参与进来！未来由你决定！

科学家有耐心

科学是提出问题并通过做实验的方式寻找答案的过程。一些科学实验需要花费很长时间。

爱尔兰都柏林的科学家们已经有证据证明焦油沥青（常用于铺马路的物质）可以形成液滴，

但是他们没有亲眼见过。于是他们做了一个简单实验去观察，

但是焦油沥青溶解非常非常非常非常非常非常慢。

这个实验始于 1944 年，耗时将近 70 年，

最终在 2013 年，一滴焦油沥青坠落成液滴，并被照相机拍摄记录了下来。

想象一下，你做了一个实验，花了 70 年才最终得出实验结果。

画一画 70 年后的你庆祝实验成功的样子！那时候你多少岁？

沥青滴漏实验的第二任负责人约翰·梅斯通博士

科学家持之以恒

当事情出错的时候科学家不会放弃。

画一画你遇到挫折也不气馁的情景。

术语表

大气

包裹着行星、并被行星的引力固定住的一层气体。地球的大气中约有 78% 是氮气，21% 是氧气，其余是氩气等稀有气体、二氧化碳和其他气体。

原子

元素的最小组成单位，具有该元素的化学性质。原子由中子、质子和电子等更小粒子组成。

碳循环

在这个循环中，碳元素通过一系列化学反应，从地球进入大气层，最后又返回地球。

催化剂

催化剂是一种能够加速化学反应，同时本身性质不会发生改变的物质。例如，如果打扫房间是一个化学反应，你那站在门口皱眉的妈妈会催促你快点打扫——她就相当于是一种催化剂！

化学反应

将一组化学物质转变成另一组化学物质的过程。

叶绿素

藻类和植物体内含有的一种能从光中吸收能量的绿色物质。叶绿素是光合作用中的催化剂。

气候

很长时间内的天气状况，包括风、气温、湿度、降水量以及与天气有关的其他数据。

气候变化

天气模式中长时间内存在的变化。这些模式可以持续几十年到数百万年。

燃烧

燃烧物质的过程。在燃烧过程中，可燃物遇到氧气，迅速发光和放热。

星座

组成某种图案的一组星星，人们认为它们代表人、动物、神话中的生物或其他有意义的形象。

数据

记载客观事物的符号组合。

分解者

分解死亡或腐烂的动植物的微生物。

电子

原子的组成部分。每个电子都是带有负电荷的粒子。质子和中子组成了原子核，电子围绕原子核运转。

元素

只由一种原子构成的物质叫元素。

能量

通过热、光或运动做功的力量。

化学方程式

也称化学反应方程式。方程式的左边代表化学反应开始前的分子，右边代表化学反应后的分子。

事实

一些被证据证明为真实的事情。

化石燃料

石油、煤或甲烷之类的燃料，它们是在数百万年的时间里由埋在地下的动植物遗体分解而成的，富含碳和很高的能量。

化石

超过一万年前的生物遗迹。

摩擦力

减缓一个物体滑动的力。

葡萄糖

由二氧化碳和水在光合作用中形成的一种单糖化合物。葡萄糖分子有 6 个碳原子、12 个氢原子和 6 个氧原子。它的分子式写作 $C_6H_{12}O_6$。对于地球上大多数生物来说，葡萄糖是一种基本的能量来源。

引力

把所有物质拉在一起的力量。物体的引力随所含物质数量的增大而增大。太阳所含的物质非常多，所以它有足够的引力吸引太阳系中的行星，并使它们在固定轨道上运行。地球的引力使我们不会在太空中飘浮。

温室气体

大气中一些能吸收和困住太阳辐射，并保存热量的化合物。

假设

对于已发生事情的一种建议性解释，并能够被证明。假设是根据先前的观察结果得出的。

质量和能量守恒定律

宇宙中，质量和能量既不能被创造也不能被消灭。质量和能量可以转移和改变，但是总量不变。

质量

物体中含有物质的数量。

物质

任何占据空间并且有质量的东西。

测量

通过与有明确的计量单位的物体进行比较，来确定某物的数量或大小。

流星

一种小的岩石或金属物体，当它进入地球大气层时，摩擦受热，在天空中以一道光的形式呈现。

分子

两个或两个以上的原子通过化学键组合而成。这些原子可以来自同种元素，也可以来自不同元素。

中子

原子的组成部分之一，中子是不带电荷的粒子。质子和中子组成原子核，电子围绕原子核运转。

原子核

原子的核心部分，由质子和中子组成，电子围绕着原子核运转。

观察

认真看，留意一些事物。

起源

事物开始的源头或起点。

氧气

一种无臭、无味、无色的气体，可供动物和植物呼吸用。地球大气层中 21% 的气体是

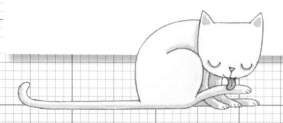

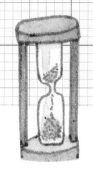

氧气。

光合作用

植物利用太阳光能，把水和二氧化碳合成营养，并向空气中释放氧气的过程。

等离子体

当能量添加到一种气体中，气体中的一些电子离开原子时所发生的物质状态。

降水量

以雨、雪或冰雹等形式降落到地面的水分。

质子

原子的一部分。质子是带正电荷的粒子。

科学方法

科学家用来研究某种事物的一系列步骤：
1. 观察。
2. 提问。
3. 形成一个可以验证的解释，这叫作假设。
4. 在假设的基础上预测会发生的事情。
5. 验证假设。
6. 重复以上步骤，利用结果去得出和验证

新假设。

恒星

一个炽热、发光的巨大球型等离子体，通过自身的引力凝聚在一起。我们的太阳就是一颗恒星。

地形图

显示地貌的地图。

下弦月

从满月向新月变化时，逐渐变小的月相。

上弦月

从新月向满月变化时，逐渐变大的月相。

天气

大气层的日常状况，包括降水量、风向、气温和气压等。

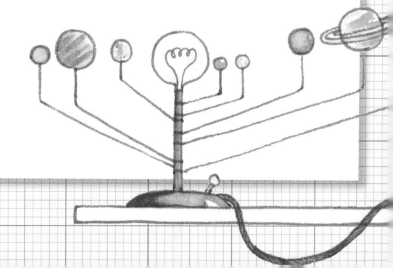

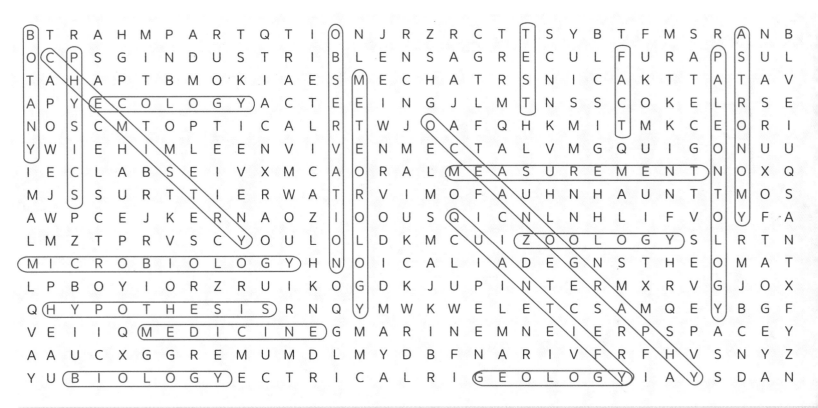